\人氣餐飲店必備menu！/

無酒精佐餐飲料

自製基底・創作發想技巧
6種製作分類・獨創配方**109**道

大境文化

序

「最近，酒類的銷售額下降了」

「婉拒了無法喝酒的客人」

如果您的餐廳遇到這樣的煩惱，或許引進無酒精飲料是個機會。

事實上，積極銷售無酒精飲料的餐廳正在增加。無酒精飲料接受度高，美味易入口，能提升菜餚的風味，外觀也很漂亮。例如，將水果或茶葉像"花瓶一樣"裝入玻璃壺中，或是以自家製的飲料基底，調配成獨特的風味，這些都會讓人不禁想點一杯來嚐嚐。本書將這些適合餐飲業的無酒精（部分含低酒精）飲料的食譜和創意，整理成冊。

　作為餐飲業專用，無酒精飲料的切入點，本書提出了以下6種製作分類。

· 只需混合市售商品，即可立即打造的全新飲料

· 自製飲料基底和浸泡糖漿

· 日本茶（純茶）的變化

· 以日本茶為主的單一茶種、混合茶與調配茶

· 無酒精雞尾酒

· 適合餐廳的佐餐飲料－無酒精·低酒精飲品

　餐飲業的飲料不僅僅是解渴，更能為客人帶來新的味覺體驗，為餐桌增添色彩，並成為交談的話題。這對於所有酒類一樣，無酒精飲料也是可能的。

　來吧，不妨試試無酒精佐餐飲料。

柴田書店

3

Contents

Chapter I

Mix
即時可製作的無酒精飲品
只需混合市售品

Chapter II

Homemade
自家製無酒精

在開始之前

◎ 材料的份量基本上是以一杯為單位，
　但大量製作的飲品會標註製作總量。
◎ 部分材料的份量表示方式，不是以重量或容量，
　而是以分數（1/2、1/3等）或比例（1：1、1：2等）表示。
◎ 份量的單位表示如下：1大匙等於15ml（mL）、1小匙等於5ml。
　1 tsp約為5ml、1 dash約為1ml、1 drop（滴）約為1/5ml。
◎「果汁」是指市售果汁。從水果榨取的果汁會標註為「現榨檸檬汁」等。
◎ 溫度的參考值：冷藏約5℃，室溫約15℃，熱水約80℃以上，
　滾水約90℃以上。
◎ 部分材料可能包含日本未上市或已停售的產品。
◎ 本書的內容截至2020年8月底為止。

關於圖示

本書介紹的飲品除了單一的日本茶和混合茶之外，
為了讓讀者更容易理解味道傾向、使用的材料以及最終效果，
以下述圖示表示。

為餐飲業打造
無酒精佐餐飲料
的6種製作分類

1

Mix
混合市售產品製作

最簡單的飲品是將市售飲料混合調配。
從常見的酸味＋氣泡＋甜味，到獨特口味，
透過更換材料可以創造出各種不同的味道。

↓

Chapter I

即時可製作的無酒精飲品
只需混合市售品
p.20

以「酸、香、甜」作為基底選擇

選擇作為味道基底的飲品時，挑選具有明確酸味、香氣和甜味（或者鮮味）特點的種類，可以更容易定下味道。建議盡可能選擇天然的味道和風味。

打造易於飲用的「亮點」

藉由含氣泡的碳酸飲料、柑橘類水果或薑的香氣、草本植物或香料等輕微刺激，來增添亮點，使飲品更容易與菜餚搭配，味道更加豐富，可以持久飲用。

2

Homemade

自製飲品的基底

如果自己製作味道的基底或糖漿，
就可以呈現出更複雜、且符合個人口味的飲品。
推薦使用 " 浸泡 " 的方式，花費時間使味道成熟。

Chapter II

自家製無酒精
各種基底與浸泡糖漿
p.42

設計味道的「自製基底」

例如，如果是檸檬氣泡水，可以使用新鮮的檸檬為主要成分，也可以加入鹽漬檸檬或蜂蜜檸檬等，根據追求的味道來設計基底。從這些自製基底開始，可以展開更多的變化和選擇。

受到關注的水果醋

水果、糖和醋混合浸泡製成的水果醋，具有天然的水果香氣和甜味，以及醋的清新酸味和鮮豔的顏色。這是一個容易進行變化和調整的類別，未來有望更受關注。

3

Japanese Tea
提升日本茶的魅力

茶葉的沖泡法不同,可以成為有銷售價值的「產品」。
介紹如何製作能在葡萄酒杯中展現出色彩的冷泡茶、香氣濃郁的焙茶,
以及從經典的煎茶,到稀有品種的各地茶葉。

Chapter III

日本茶的可能性
直接品飲
p.58

多彩的色澤、香氣和風味的冷泡茶

冷泡茶(冷溫萃取茶)因茶葉的差別而擁有各種不同的色澤、香氣和口感。綠茶類可以搭配前菜或生魚片,香濃的焙茶則適合搭配肉類料理或甜點,根據料理或場合的需求提供不同的建議。

炒製新鮮的「焙茶」

受歡迎的焙茶以其香氣而聞名,可以使用煎茶或番茶在直火上烘煎自製。新鮮製作的焙茶香氣特別。從淺焙到深焙,可以根據個人喜好進行調整。

4

Blend Tea & Arrangement
拓展日本茶的變化

茶葉加入水果或香草的混合茶
和自由發想組合的調製茶。
兩者都帶有清爽的口感,為餐桌增添色彩。

Chapter IV

日本茶的可能性
混合茶與調配茶
p.72

茶葉+水果+香草的組合
將水果和香草與日本茶搭配的混合茶,可以結合香草和水果的相似
或互補香氣,以煎茶或紅茶為基礎,突顯其味道。

自由組合的調製茶
像調製雞尾酒一樣,自由組合的調製茶。由於日本茶與其他材料有
著極佳的相容性,可以創造出各種不同的味道和香氣,再加入氣泡
水或配料等,創造出新的風味。

5

Cocktails
無酒精雞尾酒

近年無酒精雞尾酒的需求急速增長。
在保持雞尾酒特點的同時，
巧妙地組合各種元素，設計出獨特的一杯。

Chapter V

調酒師製作的
無酒精雞尾酒
p.90

打造雞尾酒風味的「口感」

非酒精雞尾酒與混合果汁的區別在於「口感」。透過仔細榨取果汁、過濾、去除雜質，以及濃縮口味等步驟，可以創造出具有雞尾酒風味的清爽和濃郁口感。

雞尾酒佐餐 cocktail pairing

「雞尾酒佐餐 cocktail pairing」結合料理和雞尾酒的搭配非常受歡迎。雞尾酒的優勢是可以根據料理進行調配。從食材出發，尋找共同的香氣，將相近的產地產品搭配在一起，有著多種不同的方法進行調製。

6

Restaurants

適合餐廳的佐餐飲料

越來越多餐廳提供獨特的無酒精原創飲品。
透過烹飪技巧提取食材的味道和香氣、疊加層次，
打造出具有餐廳特色的精緻口感。

Chapter VI

餐廳的

無酒精・低酒精飲品
p.102

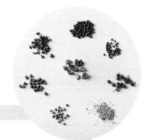

透過烹飪技巧創造味道和香氣
加熱萃取、煎煮、浸泡、急冷封存香氣等，不同的烹飪技巧能提供靈感。在茶和果汁中加入特殊的步驟，製作出芬芳的一杯飲品。

精確搭配料理
透過飲品搭配套餐，可以在料理和飲品之間實現精確的搭配，這是餐廳獨特的特殊體驗。我們可以透過不同的方式來組合故事，將特色食材重新構築為飲品，並與烹飪方法相關聯。這樣的飲品搭配能為客人帶來一個豐富的味覺體驗，使用餐過程更加完整、令人難忘。

Chapter I

Mix

即時可製作的無酒精飲品
只需混合市售品

岩倉久惠
La Maison du 一升 vin

使用柚子汁

基底的柚子果汁是使用在島根縣美都地區製造的「柚香」。
柚香是以天然柚子果汁和蜂蜜為主要原料的濃縮果汁，
具有柚子天然清新的香氣，和自然的甜味特色。
可以將柚子的酸味與氣泡類飲品混合，也可以與其他甜味或香氣相融合，
使其更加容易入口。也適合作為熱飲。

柚子氣泡飲

突顯柚子的香氣
清爽的口感

柑橘　　氣泡　　適合佐餐

《材料》
柚子果汁 … 45ml
氣泡水 … 90ml
冰塊

《製作方法》
在玻璃杯中放入冰塊，倒入果汁和氣泡水，
輕輕攪拌即可。

柚子薑汁氣泡飲

柚子和薑是絕配
帶有些微的辛辣感

柑橘　香草　氣泡　適合佐餐

《材料》
柚子果汁 … 45ml
氣泡水 … 90ml
生薑泥 … 3g
生薑薄片（裝飾用）
冰塊

《製作方法》
在玻璃杯中放入冰塊，倒入果汁、氣泡水和薑末，
輕輕攪拌，放入薑片裝飾即可。

柚子無酒精啤酒

帶有啤酒風味的清爽口感
添加柚子的香氣

《材料》
柚子果汁 … 20ml
無酒精啤酒 … 200ml
柚子皮

《製作方法》
在玻璃杯中倒入果汁和無酒精啤酒,
撒上磨碎的柚子皮。

柚子熱薑汁

以柚子和生薑暖身。
柔和、令人放鬆的味道

《材料》
柚子果汁 … 40ml
熱水 … 80ml
生薑泥 … 4g
柚子片（裝飾用）

《製作方法》
在耐熱玻璃杯中放入磨碎的生薑泥,
倒入果汁和熱水,輕輕攪拌。
放上柚子片作裝飾。

柚子維也納咖啡
咖啡和柑橘的新經典組合。
令人上癮的口感

柑橘　茶・咖啡　乳製品
MILK

《材料》
柚子果汁…10ml
冰咖啡※…200ml
糖漿（p.46）…適量
柚子鮮奶油※※…10g
柚子皮切絲（裝飾用）
冰塊
※「nosy coffee」的單品冰咖啡，使用滴漏法沖煮的
原產地咖啡，冷卻後使用。
※※將1份柚子果汁和2份鮮奶油混合，輕輕打發成
泡沫狀。

《製作方法》
在玻璃杯中放入冰塊，倒入果汁和咖啡，加入
適量的糖漿，輕輕攪拌（也可另外提供糖漿）。
舀上鮮奶油，並以柚子皮切絲作裝飾。

使用苦味糖漿（MONIN Bitter syrup）

讓人聯想到金巴利酒（Campari）的複雜苦味和微甜特色，
來自於草本和藥草的成分。
它呈現明亮的紅寶石色澤，色彩也非常美麗。
在這裡，使用一瓶 MONIN 苦味糖漿（700ml），
加入3個縱切成4瓣的黃檸檬並榨汁，
然後浸泡三天，作為「基底」使用。

MONIN 苦味氣泡飲

複雜的香氣和微妙的苦味
就像喝金巴利酒一樣的口感

 柏橘 香草 氣泡　適合佐餐

《材料》
MONIN 苦味基底 … 60ml
氣泡水 … 60ml
檸檬角
冰塊

《製作方法》
在杯子中加入冰塊、MONIN 苦味基底和
擠出汁的檸檬角，然後倒入氣泡水。

MONIN 蜜桃氣泡飲

加入桃子汁的甜味和氣泡水
口感輕盈，能夠輕鬆暢飲

《材料》
MONIN 苦味基底 … 20ml
桃子汁 … 40ml
氣泡水 … 40ml
冰塊

《製作方法》
在杯子中加入冰塊、MONIN 苦味基底和桃子汁，
輕輕攪拌，然後倒入氣泡水。

MONIN 可樂

可樂和 MONIN 苦味基底
兩種個性相互平衡

《材料》
MONIN 苦味基底 … 30ml
可樂 … 60ml
黃檸檬薄片（裝飾用）
冰塊

《製作方法》
在杯子中加入冰塊和 MONIN 苦味基底，
倒入可樂。用檸檬薄片進行裝飾。

MONIN 橙汁
華麗的層次感
柳橙的濃厚風味

柑橘 香草

《材料》
MONIN 苦味基底 …60ml
柳橙汁（100% 原汁）…60ml
冰塊

《製作方法》
在杯子中加入冰塊和 MONIN 苦味基底
緩緩倒入柳橙汁，形成二層顏色

MONIN 可爾必思汽水

如櫻花般呈現淺粉色
不會太甜，順口易於享用

甜味　氣泡　乳製品

《材料》
MONIN 苦味基底 … 10ml
可爾必思（普通款）… 20ml
氣泡水 … 80ml
冰塊

《製作方法》
在杯子中加入冰塊、MONIN 苦味基底和可爾必思，
輕輕攪拌，然後倒入氣泡水。

使用甘酒

米麴製的甘酒是健康和美容領域引人注目的素材。

在這裡，我們使用由葡萄酒釀造師新井順子女士監督的甘酒「順子」。

它使用無農藥的米製作，不添加糖，具有適度的甜味和天然米的風味。

即使單獨飲用也非常美味，但加入酸味或甜味後更順口，也更容易與料理搭配。

如果你在意米粒的口感，可以使用攪拌機或粗網目的篩網將其過濾。

甘酒氣泡飲

甘酒最新的經典飲用法
經過改良，更加順口

| 柑橘 | 氣泡 | 甜味 | 適合佐餐 |

《材料》

甘酒 … 50ml

薑泥 … 3g

檸檬汁 … 5ml

氣泡水 … 60ml

蜂蜜 … 適量

冰塊

《製作方法》

在玻璃杯中加入冰塊、甘酒、薑泥和檸檬汁。

加入適量的蜂蜜，輕輕攪拌，然後倒入氣泡水。

甘酒番茄汁

就像是完全成熟的番茄湯一般
深厚的風味，非常驚艷

水果 甜味

《材料》
甘酒 … 100ml
番茄汁（100%果汁）※… 100ml
※ 建議使用口感滑順的種類，
如スイス村（瑞士村）的番茄汁（p.41）。

《製作方法》
將甘酒倒入杯子中，輕輕注入番茄汁，
形成兩層。

可爾必思甘酒氣泡飲

發酵 × 發酵的組合。
懷舊的奶香風味

甜味 氣泡 乳製品

《材料》
甘酒 … 80ml
可爾必思（普通款）… 20ml
氣泡水 … 120ml
薄荷葉（裝飾用）
冰塊

《製作方法》
將冰塊、甘酒和可爾必思倒入杯子中，輕輕攪拌，
然後注入氣泡水。最後用薄荷葉裝飾。

甘酒薑汁

甘酒 × 薑 × 檸檬的進化版。
即使加入氣泡水也很美味

柑橘　香草　甜味　適合佐餐

《材料》
甘酒…60ml
蔗糖糖漿（p.44）…10ml
薑檸檬基底（p.48）…10ml
迷迭香
冰塊

《製作方法》
在杯子中加入冰塊、糖漿、薑檸檬基底，
輕輕攪拌後加入甘酒，插入迷迭香。

熱抹茶甘酒

這就是甘酒的魔法！
既濃郁又美味，味道融為一體

《材料》
甘酒 … 100ml
抹茶 … 1g

《製作方法》
將抹茶放入茶碗中（或耐熱容器），
倒入約70℃的甘酒，輕輕攪拌均勻。

焙茶甘酒拿鐵

甘酒與焙茶也是很搭配的組合。
可加入一些牛奶混合

《材料》
甘酒 … 100ml
焙茶※ … 30～40ml
牛奶泡 … 適量
※以50g焙茶葉和500ml水煮沸，
擠出茶汁，製成較濃郁的口感。

《製作方法》
在耐熱容器中，將約70℃的甘酒
和焙茶茶汁混合，加入適量的牛
奶泡。

使用抹茶

抹茶與果汁或咖啡的搭配，意外地相容性極佳，
根據不同的組合可以製作出從辛香感到甜味，各種不同的飲品。
前面的3種飲品，是岩倉先生開發的熱門商品「Matcha Collins（抹茶、
葡萄柚和燒酒的雞尾酒）」的變化版本。
由於抹茶的品質差異很大，所以要選擇中等以上價位的抹茶，
每次有訂單時，再用茶筅攪拌產生泡沫並均勻的混合，可以使香氣更好。

Matcha Tonic
清爽的口感和綠茶的香氣。
純粹品味抹茶的滋味

| 柑橘 | 茶・咖啡 | 氣泡 | 適合佐餐 |

《材料》
抹茶 …1g
通寧水（tonic water）…200ml
綠檸檬薄片（裝飾用）
冰塊

《製作方法》
在一個適合使用茶筅的小碗中，放入抹茶和少量
通寧水，用茶筅攪拌產生泡沫並均勻的混合。將
冰塊放入玻璃杯中，倒入剩下的通寧水，和拌勻
的抹茶輕輕攪拌，並用綠檸檬薄片裝飾。

抹茶葡萄柚子

香氣和酸度的平衡絕佳！
清爽可口，一口接一口

《材料》
抹茶 …1g
葡萄柚汁（100%果汁）…150ml
冰塊

《製作方法》
在一個適合使用茶筅的小碗中，放入抹茶和少量
的葡萄柚汁，用茶筅攪拌產生泡沫並均勻的混
合。將冰塊放入玻璃杯中，倒入抹茶液與剩下的
葡萄柚汁，輕輕攪拌。

抹茶蘋果汁

採摘新鮮蔬菜般的香氣
清爽的口感

《材料》
抹茶 …1g
蘋果汁（100%果汁）※…150ml
冰塊
※ 建議使用「紅玉蘋果汁」（スイス村（瑞士村）製作，
100%純果汁）。

《製作方法》
在一個可以容納茶筅的小碗中，加入抹茶和少量
的果汁，用茶筅攪拌產生泡沫並均勻的混合。將
冰塊倒入玻璃杯中，將抹茶液與剩餘的果汁倒入
杯中，輕輕攪拌均勻即可。

抹茶熱拿鐵

抹茶和濃縮咖啡的優雅結合。
兩種風味完美重疊。

《材料》
抹茶 ⋯ 1g
濃縮咖啡 ⋯ 1份（約30ml）
熱牛奶＋奶泡 ⋯ 180至200ml
方糖（La Perruche）⋯ 2顆

《製作方法》
在咖啡碗（或耐熱容器）中加入抹茶和方糖，倒入
濃縮咖啡，用茶筅攪拌產生泡沫並均勻的混合。
倒入熱牛奶＋奶泡，並根據喜好繪製拉花圖案。

抹茶冰拿鐵

左側的冰沙版本。
濃香的抹茶，夏天最推薦

《材料》
抹茶 ⋯ 1g   濃縮咖啡 ⋯ 1份（約30ml）
牛奶 ⋯ 100ml   糖漿（p.46）⋯ 20ml
打發鮮奶油
抹茶粉（裝飾用）
冰塊

《製作方法》
在一個小碗中加入抹茶和糖漿，倒入濃縮咖啡，
用茶筅攪拌產生泡沫並均勻的混合。加入牛奶，
然後倒入放有冰塊的玻璃杯中。擠上鮮奶油，在
上方篩抹茶粉作裝飾。

使用紫蘇汁

SAKURA Group 所販售的「紅紫蘇汁」，
是以和歌山縣種植的無農藥栽培紅紫蘇為主要原料。
它具有獨特的甜酸香氣和溫和的平衡酸味，不帶尖銳的刺激感。
深沉鮮豔的色澤，在玻璃杯中顯得格外亮眼。
此紅紫蘇汁屬於無糖類型，使用方便。

紫蘇汽水
充滿懷舊香氣的
甜酸汽水

香草　氣泡　甜味　乳製品

《材料》
紅紫蘇汁 … 20ml
氣泡水 … 100ml
糖漿（p.46）… 10ml
冰塊

《製作方法》
在玻璃杯中加入冰塊、紅紫蘇汁和糖漿，
輕輕攪拌後倒入氣泡水。

紫蘇奶茶

大理石花紋美不勝收。
增添清新感和圓潤口感

| 香草 | 甜味 | 乳製品 |

《材料》
紅紫蘇汁 …20ml
牛奶 …100ml
糖漿（p.46）…10ml

《製作方法》
將紫蘇汁和糖漿倒入玻璃杯中輕輕攪拌，
然後慢慢注入牛奶。

紫蘇葡萄柚汁

紅紫蘇和葡萄柚
清爽的組合

 柑橘　 香草　 甜味　 適合佐餐

《材料》
紅紫蘇汁 … 20ml
葡萄柚汁（100％果汁）… 100ml
糖漿（p.46）… 10ml
青紫蘇（用於裝飾）
冰塊

《製作方法》
在玻璃杯中加入冰塊、紫蘇汁和糖漿，輕輕攪拌，
然後倒入葡萄柚汁。用青紫蘇裝飾。

鹹味紫蘇檸檬

充滿光澤的深紅色
與鑲邊相得益彰

 香草　 適合佐餐

《材料》
紅紫蘇汁 … 20ml
水 … 100ml
糖漿（p.46）… 10ml
黃檸檬薄片（裝飾用）
冰塊

《製作方法》
將玻璃杯的邊緣蘸濕，再蘸上鹽（不計入份量）做
鑲邊處理。在玻璃杯中加入冰塊、紅紫蘇汁、糖漿
和水，輕輕攪拌，再放上薄切的黃檸檬片。

使用可爾必思

使用「可爾必思 Calpis」普通款。
以乳酸為基底的柔和酸香,以及清爽的甜味,
可以享受多種變化。
通常建議稀釋4～5倍。

可爾必思啤酒

讓人聯想到 Pisco(皮斯可酒)的
柔和輕盈口感

 氣泡　 乳製品　 適合佐餐

《材料》
可爾必思(Calpis普通款)…40ml
無酒精啤酒…200ml

《製作方法》
將可爾必思和無酒精啤酒倒入玻璃杯中,
輕輕攪拌均勻。

可爾必思番茄汁

輕盈且容易入口
口感清爽

 水果　 乳製品

《材料》
可爾必思(Calpis)…20ml
番茄汁(100%果汁)※…100ml
檸檬草(裝飾用)
冰塊
※ 建議使用質地較清爽的番茄汁,如スイス村
(瑞士村)的番茄汁(參見右)。

《製作方法》
在玻璃杯中加入冰塊和可爾必思,倒入番茄汁並
輕輕攪拌均勻。用檸檬草裝飾。

使用番茄汁

使用信州安曇野市的スイス村（瑞士村）生產銷售的
「番茄汁100％純汁直榨」。
不添加鹽和水，能夠享受到完全成熟番茄的香氣和美味。
口感順滑、使用方便，非常適合調製飲料。

番茄蜜

桃子汁的甜味和香氣
凝聚了番茄的美味

水果　適合佐餐

《材料》
番茄汁 … 50ml
桃子汁 … 100ml
冰塊

《製作方法》
在玻璃杯中放入冰塊和番茄汁，輕輕攪拌後倒入
桃子汁混合即可。

Chapter II

Homemade

自家製無酒精
各種基底與浸泡糖漿

岩倉久惠
La Maison du 一升 vin

使用自製基底和糖漿製作
3種檸檬氣泡飲

這是一種全年需求量穩定、口感清爽的柑橘類飲料。
利用自家製的基底和糖漿可以輕鬆調整口味,並擁有更多選擇。
我們將介紹3款檸檬氣泡飲的製作方法,
以及使用自製的基底和糖漿,還有一些創意搭配的例子。

[蔗糖糖漿]

\+

新鮮綠檸檬

→ 帶有令人振奮的新鮮感
即席檸檬氣泡飲(參考右頁)

[檸檬基底]

創造出柔和的酸味
加入鹽檸檬

→ 帶有清爽的口感,散發出濃郁而清新的味道
大人的柑橘氣泡飲(p.47)

[薑檸檬基底]

易於飲用和調整
蜂蜜檸檬風味

→ 輕爽口感,易於飲用
薑檸檬汽水(p.49)

[蔗糖糖漿]

將蔗糖和同等份量的水放入鍋中煮溶。

《即席檸檬氣泡飲(見右)的變化例子》

◎ 檸檬薄荷水⋯在即席檸檬氣泡飲中加入3～4片薄荷葉。

◎ 紫蘇薄荷水⋯在即席檸檬氣泡飲中加入3～5片紫蘇葉。

◎ 紫蘇梅子薄荷水⋯在即席檸檬氣泡飲中加入3～5片青紫蘇葉和1顆梅乾,用攪拌棒搗碎。

鮮榨新鮮檸檬的清新感受

即席檸檬氣泡飲
用濃郁的糖漿做成
清爽的檸檬氣泡飲

[柑橘] [氣泡]

《材料》
綠檸檬⋯1/2～1個
蔗糖糖漿（見左頁）⋯20ml
氣泡水⋯120ml
冰塊

《製作方法》
將冰塊放入玻璃杯中，加入糖漿，擠入縱切成4塊
的檸檬汁，檸檬塊也一起放入，然後注入氣泡水。

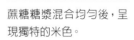

蔗糖糖漿混合均勻後，呈
現獨特的米色。

[檸檬基底]

醃漬黃檸檬榨汁…200ml

檸檬汁(100%果汁)…100ml

糖漿(如下)…200ml

將國產黃檸檬連皮切成薄片,加入總重量20%的粟國鹽(天然鹽),醃漬約1週使其均勻融合。將此醃漬檸檬榨汁,與黃檸檬汁(100%果汁,無茶々園品牌)和糖漿混合。

[檸檬基底的變化例子]

◎牛奶拉茶…混合40ml的檸檬基底和100ml的牛奶。

◎運動飲料…混合60ml的檸檬基底、120ml水和10ml蔗糖糖漿,可製作出運動飲料的風味。

[薑糖]

將薑磨成泥,加入總重量一半的黑糖,放置一晚。當水分釋出後,不需要再添加水,直接煮沸。

[糖漿]

將1kg細砂糖和800g水一起加熱煮溶。

鹽檸檬的酸味溫和而不尖銳

大人的柑橘氣泡飲
濃縮的檸檬口味
加上薑的點綴

柑橘　　香草　　氣泡

《材料》
檸檬基底（參考左頁）…20～30ml
薑糖（參考左頁）…1/3小匙
氣泡水…100ml
冰塊

《製作方法》
將冰塊、檸檬基底和薑糖放入玻璃杯中，
倒入氣泡水，輕輕攪拌均勻。

[薑檸檬基底]
檸檬汁 … 400ml
薑泥 … 30g
蜂蜜 … 100g
將材料混合在一起，放入冰箱保存。
由於不加熱處理，能保留原料的新鮮感。

《薑檸檬基底的變化例子》

◎薑檸檬熱蘋果汁
薑檸檬基底 … 30ml
蘋果（帶皮榨汁）… 15g
熱水 … 90ml
蔗糖糖漿（p.44）… 15ml
將所有材料混合在一起。

◎ Shirley Temple（秀蘭・鄧波兒）
薑檸檬基底 … 40ml
氣泡水 … 100ml
蔗糖糖漿（p.44）… 10ml
石榴糖漿 … 20ml
將所有材料混合在一起。

◎薑檸檬熱可樂
薑檸檬基底 … 20ml
可樂 … 150ml
肉桂棒 … 1根
將所有材料放入鍋中加熱。

◎甘酒薑檸檬（參考 p.32）

蜂蜜檸檬以薑來調味
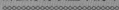

薑檸檬汽水
讓你上癮的清爽感
暢快的喉嚨感受

《材料》
薑檸檬基底（左頁）⋯25ml
蔗糖糖漿（p.44）⋯10ml
氣泡水 ⋯ 90 ～ 120ml
綠檸檬切角狀 ⋯ 依個人喜好

《製作方法》
將冰塊、薑檸檬基底和糖漿放入杯中輕輕攪拌。
搾入綠檸檬汁，再加入氣泡水。

桑格利亞2種

使用水果、果汁和香料浸泡製成，香氣濃郁的桑格利亞。
由於不使用葡萄酒，因此不會有澀味等雜味，口感輕爽、順口。

紅桑格利亞

融合了香料的香氣和水果的天然甜味，
形成了一種和諧的柔和口感。

《材料》 便於製作的分量
黃檸檬…1～3個（不削皮，切成縱向4塊，擠出果汁。
　　或者使用1個鮮榨檸檬汁和30ml市售檸檬汁）
蘋果…1個（去核，帶皮切成2毫米厚的片狀）
柳橙…1個（不削皮，切成縱向4塊，擠出果汁）
黑胡椒粒…1把
肉桂棒…2根（用手折斷）
蜂蜜…80ml
柳橙汁（100％果汁）…300ml
蘋果汁（100％果汁）…300ml
葡萄汁（100％果汁）…500ml

《製作方法》
將材料依次放入乾淨的寬口瓶中，輕輕攪拌後，靜置一晚以上，然後過濾。
盡量在一週內飲用完畢。飲用時可加入冰塊和柳橙薄片等。

白桑格利亞

以柔和的口感和層次豐富的香氣
讓人愛不釋手

《材料》 便於製作的分量
桃子 …1個（去皮和去核，切塊）
黃檸檬 …1～3個（不削皮，切成縱向4塊，擠出果汁。
　 或者使用1個鮮榨檸檬汁和30ml市售檸檬汁）
鳳梨 …1/2個（去皮及芯，切成一口大小）
薑 …150g（不削皮，切成薄片）
蜂蜜 …100ml
八角 …3個
白胡椒粒 …1把
蘋果汁（100％果汁）…400ml
鳳梨汁（100％果汁）…500ml

《製作方法》
將材料依次放入乾淨的寬口瓶中，輕輕攪拌後，靜置一晚以上，然後過濾。
盡量在一週內飲用完畢。飲用時可加入桃子塊和薄荷葉等作為點綴。

製作酵素糖漿

將切好的水果加入糖，每天用手輕輕攪拌一次即可。
僅僅這樣就能製作出濃縮的香氣和美味的糖漿。
除了可以加入水、氣泡水或果汁中稀釋享用外，還可以作為調整甜度和增添香氣，
非常便利的材料。在攪拌時，請務必保持手的潔淨，嚴格執行衛生管理。

《製作方法》

基本比例 水果1：砂糖1.1

糖（可選用蔗糖、白糖、黑糖等）混合在一起，製作非加熱的浸泡糖漿。

使用熱水消毒過的廣口瓶，將糖、水果、糖…交替地層疊放入瓶中。

每天一次，用洗過乾淨的手輕輕攪拌。

約一週時間（冬季可能需要2～3週），過濾糖漿並存放在冰箱中。

這種糖漿比添加醋的種類保存時間較短，請盡快使用完畢。

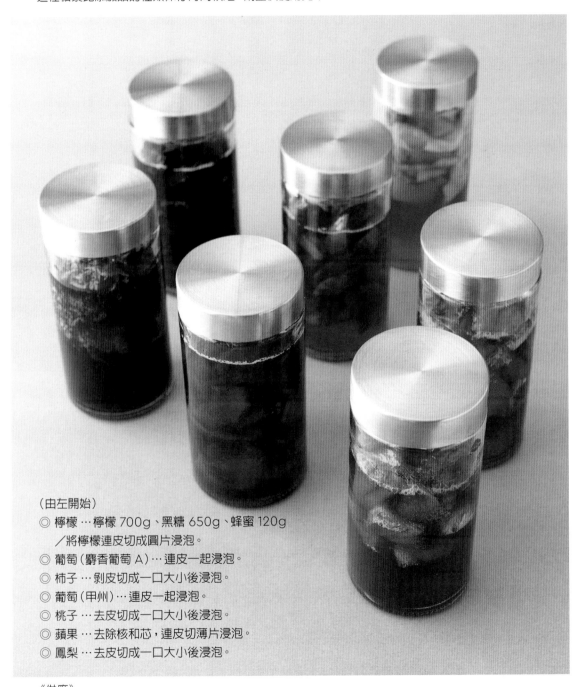

（由左開始）

◎ 檸檬 … 檸檬 700g、黑糖 650g、蜂蜜 120g
　／將檸檬連皮切成圓片浸泡。

◎ 葡萄（麝香葡萄 A）… 連皮一起浸泡。

◎ 柿子 … 剝皮切成一口大小後浸泡。

◎ 葡萄（甲州）… 連皮一起浸泡。

◎ 桃子 … 去皮切成一口大小後浸泡。

◎ 蘋果 … 去除核和芯，連皮切薄片浸泡。

◎ 鳳梨 … 去皮切成一口大小後浸泡。

《供應》

可加冰塊、氣泡水、果汁等飲用，與新鮮水果和香草的搭配也很適合。

若要增添風味，可添加香料，或將不同的糖漿混合也很美味。

酵素糖漿的飲品變化

檸檬

柿子

葡萄(麝香葡萄 A)

葡萄(甲州)

桃子

蘋果

《推薦的飲用方式》

◎ 檸檬 … 將20ml的檸檬糖漿加入80ml
　氣泡水中，放入薄切檸檬片、薄荷葉和豆
　蔻粉。

◎ 葡萄（麝香葡萄 A）… 將20ml的葡萄糖
　漿加入60ml氣泡水中，加入藍莓和覆盆
　子（如果有）。

◎ 柿子 … 將20ml的柿子糖漿加入60ml
　熱水中，加入肉桂棒。

◎ 葡萄（甲州）… 將20ml的葡萄糖漿加入
　80ml氣泡水中，加入葡萄。

◎ 桃子 … 將20ml的桃子糖漿加入100ml
　氣泡水中，加入大量薄荷葉。

◎ 蘋果 … 將20ml的蘋果糖漿加入100ml
　氣泡水中，擠入少許檸檬汁。

◎ 鳳梨 … 將20ml的鳳梨糖漿加入100ml
　柳橙汁（100%果汁）中，放入丁香（粒）。

鳳梨

製作水果醋

將切好的水果加入糖和醋,每天搖晃容器一次,使糖完全溶解。
醋的殺菌作用使水果不容易變質,變化也相對緩慢,較容易製作。
透過改變糖和醋的種類,或是嘗試不同的混合方式,可以進一步擴展各種口味的組合。

《製作方法》

基本比例 水果1:冰糖1:醋1

根據水果的種類和成熟度,選擇適合的醋(酸液),
調整糖的種類和數量。
在經過熱水消毒的寬口瓶中,依次疊放水果、冰糖和醋,
每天搖動瓶子混合,直到冰糖完全溶解為止。
然後過濾,計劃在一周內使用完。

(從左到右)

◎ 葡萄(麝香葡萄 A)…穀物醋/連皮一起浸泡。
◎ 香蕉…香蕉1:黑糖1:黑醋2
　　/去皮切片,將香蕉以微波稍微溫熱後浸泡。
◎ 鳳梨…穀物醋/去皮切成一口大小的塊狀浸泡。
◎ 蘋果…蘋果醋/去除核和芯,連皮切片浸泡。

◎ 檸檬…檸檬1:冰糖0.8＋蜂蜜0.2:穀物醋0.8
　　＋蘋果醋0.2／連皮切成片狀浸泡。
◎ 桃子…穀物醋/連皮切成一口大小的塊狀浸泡。
◎ 葡萄(甲州)…穀物醋/連皮一起浸泡。

《供應》
可以搭配冰塊、氣泡水、果汁或牛奶等多種方式來享用。

《推薦的飲用方式》
◎ 葡萄（麝香葡萄 A）⋯搭配冰塊直接飲用。
◎ 香蕉⋯將香蕉醋 30ml 與牛奶 100ml 混合，撒上肉桂粉。
◎ 鳳梨⋯用相等份量的氣泡水稀釋，並加入冰塊。以龍蒿葉（Tarragon）裝飾。
◎ 蘋果⋯用相等份量的氣泡水稀釋，並加入冰塊。
◎ 檸檬⋯用相等份量的氣泡水稀釋，並加入冰塊。
◎ 桃子⋯用相等份量的氣泡水稀釋，並加入冰塊。
◎ 葡萄（甲州）⋯搭配冰塊直接飲用。

果醋能帶來美麗的色澤，讓人享受視覺上的愉悅。

檸檬果醋搭配氣泡水具有清爽的口感。

Japanese Tea

日本茶的可能性　直接品飲

櫻井真也
櫻井焙茶研究所

沖泡冷泡茶

只需放入冰箱冷藏的冷泡茶，是一款輕鬆方便的茶飲，
與料理搭配度高，是可以好好利用的菜單之一。
雖然也有專用的冷泡茶，但在這裡使用一般的煎茶等茶葉。

冷泡煎茶

冷泡茶是指溫度（約5℃）下萃取出的茶液。將15g茶葉與1L水混合後放入冰箱，冷藏6～8小時，慢慢萃取後濾掉茶渣即可完成。口感清爽、也容易帶出茶的風味和甜味。由於冷藏保存，茶的顏色變化較少，可以保持鮮艷的顏色。為了突出明亮的色澤，建議使用透明酒杯或玻璃瓶。照片中是深蒸煎茶（p.68 ②）的冷泡茶，味道和色澤都很濃郁。

即使倒入小巧的玻璃瓶等容器中，煎茶微帶黃色的綠，仍然非常鮮豔。這裡的照片是使用普通蒸煎茶（p.68①）進行冷泡的茶液。

冷泡茶的變化

冷泡茶不僅限於使用煎茶，還可以使用其他茶葉製作出美味的冷泡茶。從左至右的照片分別是－玉綠茶（p.69 ⑦）、阿波番茶（p.70 ⑫）、紅茶（p.71 ⑯）和綠焙茶（p.70 ⑩）的冷泡茶。製作方法都相同，基本上是將15g茶葉和1L的水混合後，放入冷藏冷泡6～8小時，然後過濾即可完成。玉綠茶適合搭配前菜和生魚片等菜餚，阿波番茶適合搭配煮過的魚料理，紅茶適合搭配各種肉料理，而綠焙茶則適合搭配甜點等。

改變浸泡溫度
沖泡煎茶

一般的普通蒸煎茶,
在不同的萃取溫度下會呈現不同的風味。
除了前頁的冷溫萃取(冷泡茶)之外,
還介紹了低溫(約60℃)
和高溫(90℃以上)的兩種萃取方法。

冷溫萃取

高溫萃取

低溫萃取

低溫萃取
使用約60℃左右的溫水沖泡。

將沸騰的水倒入冷卻器等容器中數次，使溫度降至約60℃左右。然後將水注入裝有茶葉的茶壺中，靜置約1分鐘後倒入茶碗內。由於在這個溫度下不容易帶出澀味，所以可以更加強烈地感受到綠茶的風味，給人一種輕鬆自在的感覺。即使是少量也可以獲得高滿足度，因此小型茶具（約30ml）比較適合。

高溫萃取
使用90℃以上的熱水沖泡。

直接將沸騰的水注入裝有茶葉的茶壺中，靜置約30秒後即可沖泡出茶液。這樣不僅可以萃取綠茶的風味，還可以萃取包括澀味在內的各種成分，非常適合搭配各種餐點享用，適合在口腔和心情需要清爽的時候飲用。建議使用容量較大的茶碗（約90ml），以便能夠大口飲用。

製作焙茶

市面上有多種焙茶可供選擇，
同時也可以在家中自製。
這裡介紹一種使用簡便工具的「直火炒焙」方法。
剛炒好的焙茶散發出特有的香氣。

②

① 使用一個平底鍋，或焙茶專用的陶罐（焙烙），在直火上加熱。

② 將煎茶或番茶放入鍋中，同時輕輕晃動茶葉，使其均勻受熱。隨著時間的推移，茶葉會逐漸釋放出香氣，並變得色澤明亮。

③ 炒至喜歡的程度後，立即將茶葉從火源上移開，以免進一步加熱。由於陶罐（焙烙）手柄部分呈筒狀，請將手柄朝下即可將茶葉倒出。

④ 立即將茶葉轉移到茶壺中，倒入熱水（90℃以上），並在30秒內完成沖泡程序。

炒焙程度依個人喜好調整

從右邊開始是未經焙炒的番茶。往左依序是淺焙、中焙、深焙。深焙的茶葉香氣更加濃郁，但即使是淺焙，也能品嚐到清爽的口感和微妙的焙炒香氣。根據搭配的料理和季節，可以按照個人喜好調整焙炒程度。

莖與葉的味道不同

照片右邊的莖具有清爽純淨的味道，而左邊的葉則味道複雜且濃厚。莖適合搭配前菜和魚類料理，而葉更適合搭配肉類料理和甜點。

有關工具

在這裡,我們介紹一些兼具日常使用功能、
又非常優美的茶具,這些茶具是櫻井焙茶研究所常用的工具。

白瓷寶瓶

寶瓶是一種小巧無手柄的茶壺,內部結合了過濾器,
可用於沖泡1～2人份的煎茶。白瓷經過高溫燒製,不
易破裂,表面覆蓋著透明釉料,具有耐污性。

茶釜和柄杓

這是茶道中使用的道具,包括用於燒水的鐵
釜和用於舀水的竹製柄杓。它們看起來雅致
而別有一番風情,僅僅放在那裡就能讓空間
變得生動,同時也具有很好的示範效果。

焙烙

這是一種用於烘焙煎茶或番
茶、炒香芝麻或豆類等的專
用焙炒工具。它可放置在明
火上,透過不斷搖動以均勻
加熱。由於握柄部分呈中空
圓筒狀,炒焙好的物品可以
從這裡倒出。

日本茶目錄

日本各地生產了非常多種類的茶葉，這裡介紹在餐廳易於使用的茶葉類型。
粗體字部分為茶葉的分類、品種（若屬於在地品種或不明，則不予列出）、生產地。
說明內容包括味道和香氣的特點、沖泡的注意事項和訣竅，以及適合搭配的料理與場合。
下方是使用5g茶葉和90ml水量，按照指定方法沖泡所得的茶液和口感總結。

① 普通蒸煎茶　薮北（やぶきた）　京都宇治
特點是澀味和香味平衡。口感清爽而爽口／使用
80℃的水溫沖泡1分鐘／適合從用餐時到餐後的
各種場合。除了和食外，也適合搭配中華料理。想
要滋潤喉嚨時飲用。

甘味	★★☆
澀味	★★☆
風味	★★☆
香氣和餘韻	★★☆

② 深蒸煎茶　薮北（やぶきた）　靜岡牧之原
口感豐滿且滑順的風味。色澤濃郁，能帶來喝綠
茶的滿足感／使用70℃的水溫沖泡30秒。沖泡
時間短／與和菓子搭配良好。適合想要讓口中清
爽的時候飲用。

甘味	★★☆
澀味	★★☆
風味	★★☆
香氣和餘韻	★☆☆

③ 冠茶（覆茶）　うじひかり　京都宇治
介於煎茶和玉露之間的茶。在濃厚的風味中，同
時帶有清爽的澀味／以稍低的溫度慢慢沖泡。建
議使用70℃的水溫，沖泡1分鐘／適合不喜歡澀
味的人。與薯類等食材搭配得宜。

甘味	★★☆
澀味	★☆☆
風味	★★★
香氣和餘韻	★★☆

④ 玉露　ごこう　京都宇治
濃厚的風味和製法，具有獨特香氣（類似海苔的
香味）為特點／以較低溫度沖泡，可帶出濃郁的
風味。建議使用35℃的水溫，沖泡3分鐘／適合
悠閒品味茶液本身的時刻。

甘味	★★★
澀味	★☆☆
風味	★★★
香氣和餘韻	★★☆

⑤ **碾茶** おくみどり 鹿兒島霧島
被認為是抹茶的原料茶。具有經過炒製的特殊芳香，和湯一般的濃郁風味／建議以80℃的水溫沖泡1分30秒／除了直接飲用外，也可將茶葉用於料理中。

甘味	★★☆
澀味	★☆☆
風味	★★★
香氣和餘韻	★☆☆

⑥ **莖茶（雁が晉）** ごこう 京都宇治
以玉露的莖部分製成的茶，特色是具有清爽的風味／為了帶出香氣，建議使用溫度稍低的水。以70℃的水溫沖泡1分鐘／適合搭配各種料理，也是混合茶的理想基底。

甘味	★★☆
澀味	★☆☆
風味	★☆☆
香氣和餘韻	★☆☆

⑦ **蒸製玉綠茶** 薮北（やぶきた） 長崎東彼杵
以「天然玉露」之名，特色是擁有濃郁的風味／為了展現豐厚的味道和香氣，使用較低的水溫。以70℃的水溫沖泡1分鐘／可作為萬用茶飲用，適合搭配各種料理、和菓子。單獨飲用也極具享受。

甘味	★★☆
澀味	★☆☆
風味	★★★
香氣和餘韻	★★☆

⑧ **釜炒茶** 薮北（やぶきた） 宮崎五ヶ瀬
採用釜炒焙製作而非蒸製的煎茶。以「釜香」聞名，具有獨特的芳香／為了帶出清爽的風味，建議使用80℃的水溫沖泡1分鐘／澀味較少，容易入口。也容易進行各種茶的變化。

甘味	★☆☆
澀味	★☆☆
風味	★☆☆
香氣和餘韻	★★★

⑨ **綠番茶** 薮北(やぶきた) 靜岡牧之原

以一番茶（新茶）及之後的茶葉製成，適合日常飲用的茶。口感清爽，容易入口／使用90℃的熱水，沖泡30秒／沒有太複雜的風味和雜味，澀味能使口中清爽。

甘味	★☆☆
澀味	★★☆
風味	★☆☆
香氣和餘韻	★☆☆

⑩ **焙茶** 薮北(やぶきた) 靜岡牧之原

具有類似咖啡的深焙香氣特色。口感輕盈、清爽／使用90℃的熱水，沖泡30秒／適合搭配烘烤點心，也與肉料理非常對味。

甘味	★★☆
澀味	★☆☆
風味	☆☆☆
香氣和餘韻	★★★

⑪ **燻製番茶** 京都宇治

特色是具有濃烈的燻燒香氣，類似濃郁煙燻的味道。口感清爽，沒有雜味／使用熱水90℃以上沖泡1分鐘。冷泡也是推薦的方式／適合搭配各種肉料理，也適合燻製料理。

甘味	★☆☆
澀味	☆☆☆
風味	☆☆☆
香氣和餘韻	★★★

⑫ **阿波番茶** 德島上勝

採用傳統的一段發酵製法。特點是清爽的酸味，微微帶有辛香和柑橘的香氣／使用熱水90℃以上沖泡1分鐘／搭配烤魚等食物非常合適。

甘味	★★☆
澀味	☆☆☆
風味	☆☆☆
香氣和餘韻	★★★

⑬ **碁石茶** 高知大豐

遵循古老二段發酵製法的「幻之茶」。以乳酸發酵為特色，帶有溫和的酸味／使用熱水，90℃以上沖泡1分鐘／直接飲用也非常美味，但茶粥絕對是推薦的選擇。

甘味	★☆☆
澀味	★☆☆
風味	☆☆☆
香氣和餘韻	★★★

⑭ **黑茶** 愛媛西條

以二段發酵製成，具有獨特的酸味。在酸味中帶有豐富的風味，令人上癮／使用90℃以上的熱水沖泡1分鐘／非常適合搭配紅肉料理或油膩的食物。

甘味	☆☆☆
澀味	★☆☆
風味	★☆☆
香氣和餘韻	★★★

⑮ **包種茶** みなみさやか 宮崎五ヶ瀬

採用中國茶的製法製成。以葡萄的果香為特色，味道溫和／使用熱水釋放香氣，以90℃的熱水沖泡1分鐘／口感純淨，適合搭配各種料理。

甘味	★★☆
澀味	★☆☆
風味	★☆☆
香氣和餘韻	★★★

⑯ **紅茶** みねかおり 宮崎五ヶ瀬

近年備受矚目的「日式紅茶」。味道複雜但單寧含量低，適合直接飲用／使用90℃的熱水沖泡1分鐘／非常適合搭配各種主菜，可作為紅酒的替代品。

甘味	★★☆
澀味	★☆☆
風味	★☆☆
香氣和餘韻	★★★

Chapter IV

Blend Tea & Arrangement

日本茶的可能性　混合茶與調配茶

櫻井真也

櫻井焙茶研究所

混合茶

融合水果的甜味和草本植物香氣的混合茶。
沖泡方法是將茶葉（基本上約3g）與適量的水果和草本植物混合，
倒入180ml熱水（90℃），靜置約1分鐘以萃取風味。
可加水重複沖泡，直到第三泡仍保持美味。

包種茶、葡萄和薄荷
包種茶（みなみさやか品種）以莓果的
香氣和果香的口感為特色。 口味介於
綠茶和烏龍茶之間，特別適合搭配水
果。 將兩種葡萄（紅色和綠色）切片，
再加入薄荷一起沖泡。

紅茶與釜炒茶
蜜柑和山椒葉

將華麗的紅茶和香濃的釜炒茶以相等比
例（每種1.5g）混合。蜜柑帶來溫柔的甜
味和皮的香氣，山椒葉則增添了一抹辛
香的風味。

焙煎茶
春菊和迷迭香
將焙煎茶（3g）與春菊混合，並用迷迭香
打造出味道的骨架。除了春菊以外，也可
以加入香菜、芹菜、蕨菜等。適合與肉類
料理一起享用。

{ 混合茶的各種變化 }

釜炒茶　紫蘇葉和醋橘

將釜炒茶（3g）與紫蘇葉和酢橘搭配。冷泡也是一個不錯的選擇。以釜炒茶獨特的香氣作為提味，帶來清爽宜人的口感。非常適合與各種和食搭配，尤其是生魚片和魚類料理。

玉綠茶　柚子和薄荷

將玉綠茶（3g）與柚子皮和薄荷混合。這種玉綠茶具有淡淡的風味和少量的澀味，與芳香四溢的柚子相得益彰。薄荷進一步增添了柚子的香氣，形成一種延伸的風味。非常適合與加入了柚子醃漬後的烤物（幽庵燒き）等，使用柚子的料理搭配。

玉綠茶　洋梨和檸檬草

將玉綠茶（3g）與帶皮切成1/8片的洋梨和檸檬草混合。洋梨帶來華麗的甜味，而檸檬草則帶來清新的風味。非常適合作為甜點或餐後的一杯茶。

調配茶

以自由的思維製作的新型茶飲料。
結合香氣、氣泡、冷泡茶、抹茶等元素，
創造出迷人的一杯茶。

煎茶氣泡飲

一種氣泡風格的煎茶。
可作為餐前茶，
也可替代香檳。

 茶·咖啡　 氣泡　 適合佐餐

《材料》
茶粉※ 或深蒸煎茶 … 5g
熱水 … 15 ～ 20ml
氣泡水 … 90ml
冰塊
※ 煎茶或深蒸煎茶，以研磨機研磨成粉末。

《製作方法》
在茶壺中放入茶粉，注入熱水，靜置1分鐘後加入
冰塊，輕輕倒入氣泡水。過濾並倒入玻璃杯中。

冷泡焙茶
乾橙片、迷迭香
冷泡焙茶和迷迭香,以及燒烤過的橙片結合在一起,
營造出芳香的味道。
使用帶蓋玻璃杯,將香氣封存其中。

茶·咖啡　香草　適合佐餐

《材料》
冷泡焙茶(照以下製作)…90ml
　　焙茶…10g
　　水…1L
乾燥橙片
迷迭香枝

《製作方法》
先冷泡焙茶(p.61)。在上桌時,用噴槍
將乾燥橙片和迷迭香稍微炙燒後放入杯
子中,然後注入冷泡焙茶。

抹茶檸檬氣泡飲
在檸檬汽水上漂浮一層抹茶。
用氣泡水沖泡的抹茶，
與檸檬汽水相融合，易於飲用。
呈現具有衝擊力的雙層風味。

柑橘　茶・咖啡　氣泡

《材料》

檸檬汽水 … 約120ml
　檸檬汁 …20ml
　檸檬糖漿※…15ml
　氣泡水 …90ml
抹茶 …60ml
　抹茶 …1.5g
　氣泡水…60ml
檸檬皮
冰塊

※ 將1L的水和500g糖煮成糖漿。事先將糖漿
3和檸檬汁4的比例混合，製成檸檬糖漿，方便
使用。

《製作方法》

首先，製作檸檬汽水。在杯子中加入冰塊、檸檬汁和檸檬糖漿，倒入氣泡水並輕輕攪拌。在另一個碗中，用氣泡水沖泡抹茶，用茶筅攪拌產生泡沫並均勻的混合，然後慢慢注入預先準備好的檸檬汽水上方，使其浮在上面。最後用檸檬皮點綴。

煎茶薄荷莫吉托

莫吉托的無酒精煎茶版本。
綠茶、薄荷和綠檸檬完美地交織在一起。
將冷泡煎茶的一半替換為氣泡水也同樣美味。

 柑橘　 茶・咖啡　 香草　 適合佐餐

《材料》
冷泡煎茶 … 180ml
綠檸檬 … 1/4 顆
薄荷葉
蔗糖
冰塊

《製作方法》
先製作冷泡煎茶（p.60）。在杯子中加入切塊的綠檸檬、薄荷葉、蔗糖和一半的冷泡煎茶，用杵壓碎以釋放風味和香氣。加入冰塊，然後倒入剩餘的冷泡煎茶，輕輕攪拌即可。

玄米茶與抹茶

結合了玄米獨特的香脆口感
和抹茶的濃郁滑順。
清爽的苦味相互交融。
適合作為佐餐的抹茶。

《材料》
玄米茶 … 約90ml
　玄米※…6g
　熱水 …100ml
抹茶 …1g
※ 僅使用玄米茶的玄米部分。

《製作方法》
將熱水注入玄米中,蒸泡約1分鐘。用這
個玄米液來泡抹茶,用茶筅攪拌產生泡沫
並均勻的混合,倒入裝有冰塊的杯中,迅
速冷卻。輕輕攪拌,然後再撒上一些玄米
(材料表外)作為裝飾。

冷泡紅茶
蘋果 cider、
葡萄、山椒葉

這是大人口味蘋果茶的感覺。
蘋果的柔和口感
由山椒葉的香氣提升。
尤其適合搭配西式甜點

茶·咖啡　水果

《材料》
冷泡紅茶（按以下製作）… 30ml
　　紅茶 … 15g
　　水 … 1L
蘋果 cider（apple cider）… 60ml
葡萄
山椒葉

《製作方法》
製作冷泡紅茶（p.61）。使用較多的茶
葉，製作出濃縮茶液。將冷泡紅茶和蘋果
cider 倒入玻璃杯中，放上切成薄片的葡
萄在杯口作裝飾，並讓山椒葉浮在表面。

煎茶與海苔芥末
煎茶和海苔、芥末
這些滋味相適的組合。
可搭配生魚片或壽司
一起享用

 茶・咖啡　 香草　 適合佐餐

《材料》
煎茶 …3g
芥末 …1小塊
熱水 …90ml
海苔片 …1片

《製作方法》
在茶壺中放入煎茶和新鮮的芥末，
注入熱水，立即將茶液過濾至加了
冰塊的杯中進行急冷。放上海苔片。

番茶愛爾蘭咖啡
結合了三年番茶的香濃和複雜風味，
以及黑茶的酸味，
營造出類似咖啡的深邃口感。
這是一杯帶有雞尾酒風味的芳香飲品

茶‧咖啡　　甜味　　乳製品

《材料》
三年番茶＊⋯2g
黑茶＊＊⋯1g
熱水⋯80ml

鮮奶油⋯30ml
糖漿（p.46）⋯5ml
檸檬皮碎
冰塊
※三年番茶是以綠茶葉及茶莖，熟成三
年之後再煎焙而成。
※※黑茶則是將茶葉熟成數個月或數
年，讓其中的麴菌發酵後製成

《製作方法》
將三年番茶和黑茶放入容器中，注入
熱水，靜置2分鐘以萃取出茶液。加
入糖漿，立即倒入冰塊中急冷。將茶
液倒入雞尾酒杯中，輕輕打發鮮奶油
後舀至上層，再撒上檸檬皮碎。單獨
享用番茶也能帶來香濃美味。

午後茶
融合了白巧克力、乳酪和紅茶的
「飲用起士蛋糕」。
用小湯匙當作點心般享用

《材料》
紅茶 … 3g
熱水 … 60ml

糖漿（p.46）… 10ml
高達起士（Gouda）
白巧克力
香草精 … 3dash
冰塊

《製作方法》
將熱水注入紅茶中，浸泡得濃一些，加入
糖漿，並倒入冰塊中快速冷卻。將茶液倒
入雞尾酒杯中，上面放上大量刨碎的高
達起士和白巧克力。撒上香草精增添香
氣。可以用小湯匙如同點心般享用。

以玉露茶製作的茶飲套餐

以三個階段充分品味玉露茶，一場特別的茶道體驗。
第一泡呈現口中的濃郁香甜，
第二泡帶有微苦和複雜的口感，
第三泡搭配時令花草，與茶葉浸泡品味。

第一泡　品味玉露的香甜

使用低於體溫的溫度，緩慢萃取出玉露茶的香甜。

將玉露茶葉7g放入專用的茶壺中，注入35℃的熱水30ml。蓋上蓋子，靜置3分鐘進行浸泡。茶葉吸收了大量水分，萃取出的茶液量約為10ml。您可以品嚐茶葉濃縮的香甜味。

第二泡　品味帶有苦澀的口感

使用與第一泡相同的水溫、水量和浸泡時間，泡製第二泡。由於茶葉已稍微展開，萃取
出茶液的量會增加約30ml。此時，除了原本的香甜味外，苦澀味也會顯現出來，茶的
香氣也更加濃郁，呈現出典型的茶香。附上茶點一起享用。

第三泡　搭配時令草藥

將舒展開的茶葉加入時令花草（拍攝時使用食用菊花），注入熱水90ml，靜置30秒
進行浸泡。然後將茶液倒入放有冰塊的廣口杯中，輕輕攪拌使其急冷，然後倒入玻璃
杯中。剩下的茶葉和菊花可以與2小匙醋一起製成涼拌茶漬，作為附餐。這樣您可以同
時享受到茶的清爽口感，和時令花草的芬芳香氣。

Chapter V

Cocktails

調酒師製作的
無酒精雞尾酒

後閑信吾
The SG Club

無酒精雞尾酒的製作訣竅

後閑信吾
The SG Club 的店主和調酒師

創造具有「質感」的雞尾酒

經常聽到人們說：「原本打算製作以果汁為基礎的無酒精雞尾酒，結果卻變成了混合果汁。」我認為雞尾酒和果汁之間的區別在於「質感」。雞尾酒獨特的質感包括順滑的口感、透明的色澤，以及喝下去時所感受到的味道濃縮、衝擊力、重量感，還有銳利度和圓潤感等立體的味覺感受。

當使用果汁時，我們需要精選材料，挑選無雜質的純淨果汁，並進行仔細的過濾。然後，透過組合不同元素，展現出雞尾酒特有的順滑口感、濃縮的風味和華麗的香氣等。特別是在果汁比例較高的雞尾酒中，意識到這種質感是非常重要的。

製作無酒精雞尾酒是否很困難？

在考慮製作無酒精雞尾酒時，首要的障礙是可用的市售材料有限。自製多種口味會很費時，而且在無法使用酒精的情況下，它們的品質也會快速下降。此外，酒精所帶來的特殊香氣、濃郁口感和深度風味，無法透過其他方式再現。不過，近年來出現了一些獨特的無酒精產品，例如無酒精琴酒等，我們可以積極導入這些優秀的選擇。

新菜單的靈感通常來自旅行。香料的使用方式、罕見水果、材料的組合、烹飪方法等各種元素都可以作為參考。從這種平等的起點出發，考慮傳統雞尾酒和無酒精雞尾酒的配方，是一個不錯的方法。

雞尾酒佐餐 cocktail pairing

　　在全世界的範圍內，以一期一會、獨一無二珍貴的感覺，將料理和雞尾酒進行搭配的雞尾酒佐餐 cocktail pairing 非常受歡迎。雞尾酒佐餐的最大魅力在於讓料理和雞尾酒相遇，創造出新的味道和風味。與葡萄酒和其他飲料不同，雞尾酒的材料是無窮無盡的，並且可以自由添加或減少甜味、辣味、苦味、酸味和鹹味等配方。此外，還可以根據料理進行適當的溫度調節。

　　無酒精雞尾酒本身雖然存在已久，但我實際感受到近 2 ～ 3 年來需求迅速增加。尤其是在我所居住的紐約，有很多人因為各種原因暫時或長期不能飲酒。讓這些客人也能愉快地享受酒吧體驗，是未來調酒師的職責，我對此深信不疑。

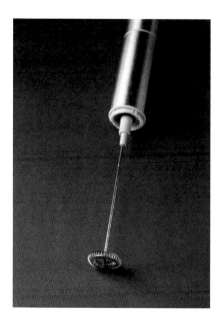

我們積極引入能夠混合材料或輕輕打發的發泡機，這些工具對於快速提供服務非常有幫助。

Pineapple Gazpacho

以湯品為靈感來源。
清新多汁的黃瓜和水果
交織出爽口而複雜的香氣

 水果 香草 柑橘 適合佐餐

On a Slow boat to China
名稱取自輕快的爵士經典曲。
結合了茉莉花茶、荔枝和蜂蜜的細微香氣
散發出奇異而優雅的風味

茶・咖啡　水果　香草

Pineapple Gazpacho

《材料》
小黃瓜汁※…25ml
鳳梨汁（上層果汁）※※…50ml
香茅水※※※…5ml
無酒精琴酒※※※※…20ml
綠檸檬汁…5ml
糖漿…5ml

《裝飾》
特級初榨橄欖油…4滴
廣藿香鹽水※※※※※
蒔蘿

※小黃瓜汁需去除深綠色的外皮，只取果汁，否則會帶有較青澀的氣味。
※※鳳梨汁使用的是榨取後上層澄清的果汁，只使用透明的部分。較濃稠的下層部分可用於其他雞尾酒。
※※※香茅水需將香茅的纖維輕輕敲打，與鳳梨汁混合浸泡後，再用細緻的布過濾。
※※※※使用「Seedlip」的Garden108，以植物為基礎，帶有綠色香氣為主，稍帶花香。
※※※※※添加廣藿香（Patchouli）風味的鹽水。

《製作方法》
① 將所有材料連同冰塊一起放入調酒器中搖晃。根據鳳梨的狀況，調整綠檸檬汁和糖漿的量。加入鳳梨汁後，會形成類似慕斯的泡沫。
② 倒入雞尾酒杯中，淋上橄欖油。將廣藿香的鹽水噴灑在杯子上，輕輕覆蓋表面，然後用蒔蘿裝飾。

《memo》
使用小黃瓜製作的雞尾酒在美國已經相當流行，但在日本還沒有很深入人心，這可能是因為材料本身的差異所造成的。美國的小黃瓜體積大，味道淡雅，香氣也較淡。相反，日本的小黃瓜帶有獨特的濃烈青澀氣味，因此在製作雞尾酒時，需要巧妙地控制這種味道。

On a Slow boat to China

《材料》
茉莉花茶※…5ml
荔枝汁 …40ml
酸葡萄汁※※…1小匙
薑蜜糖漿※※※…1小匙

《裝飾》
食用花朵
檸檬皮
（可替換的組合）
柳橙、火龍果、蒔蘿、食用花朵等

※ 茉莉花茶要用濃一點的冷泡方式泡好放涼。
※※ 酸葡萄汁（verjus）是法國葡萄酒廠，傳統上會生產的未成熟葡萄汁，具有清新的酸味特色。
※※※ 薑蜜糖漿是用榨汁機榨出薑汁，與蜂蜜混合煮熟並過濾。

《製作方法》
① 在放有冰塊的攪拌杯中按順序加入材料，輕輕攪拌混合。
② 倒入放滿冰塊的雞尾酒杯中，點綴食用花朵，再放上檸檬皮。

《memo》
在製作雞尾酒時，甜味盡量使用天然味道的材料。基本上，我們使用自製的糖漿，除了砂糖外，還有像這裡使用的薑蜜糖漿和果汁煮成的糖漿，根據雞尾酒的個性和所追求的風味來選擇最合適的。市售的調味糖漿的香氣會佔主導地位，反而掩蓋其他成分的個性，所以我們不使用。

Amazonian fruits

亞馬遜水果是充滿煙燻味的巨大泡泡。
在瞬間爆裂時
與草本風味的雞尾酒融合在一起

 水果 香草 柑橘

Cafe con verde

這是非酒精版的咖啡雞尾酒，
已成為一個經典。
靈感來自於我在紐約下東區發現的
咖啡和紫蘇冰淇淋

茶・咖啡　香草　甜味

Amazonian fruits

《材料》
香根草（vetiver）生成水※…20ml
蘋果汁…60ml
無酒精琴酒※※…15ml
羅勒葉…2～3片
蜂蜜※※※…1小匙
檸檬汁…1小匙

《完成》
泡泡煙槍（flavor blaster）

※香根草（vetiver）生成水，具有柑橘類香水般的芳香
特點。
※※使用「Seedlip」品牌的Spice94，稍微帶有一點
辛辣味道。
※※※使用東京產的蜂蜜。

《製作方法》
① 將所有材料放入調酒杯中，用杵壓碎羅勒葉。
　　加入冰塊，攪拌並同時過濾到雞尾酒杯中。
② 將泡泡煙槍的噴口浸入食用泡泡水中，製造一
　　個大型泡泡放在雞尾酒上方。

Cafe con verde

《材料》
濃縮咖啡※…30ml
黑糖糖漿※※…15ml
青蘇葉…2片

《完成》
檸檬皮

※ 使用冷萃咖啡的萃取法，使咖啡濃度更高。也可以使用濃縮咖啡，但冷萃咖啡的保持時間更長，用途更廣泛。這種濃縮咖啡可以用水稀釋成冰咖啡，用搖酒器與通寧水（tonic water）混合成咖啡通寧，還可用於馬丁尼（Martini）等調酒的變化中，作為「不甜的糖漿」來使用。
※※ 使用沖繩產黑糖加水煮製成的糖漿。

《製作方法》
① 將材料放入調酒器中。輕輕搗碎青蘇葉以釋放味道和香氣，加入冰塊後搖勻。
② 同時過濾並倒入雞尾酒杯中，加入檸檬皮作為裝飾。

《memo》
僅僅將咖啡搖勻並倒入杯中，只是一杯普通的冰咖啡。在這裡，受到紐約咖啡和青紫蘇組合的靈感，添加了多種香氣作為調酒的亮點。提供咖啡作為飲品，最初是在我們上海的第二家店取得成功後。提供與店鋪風格相符的咖啡，對於吸引年輕客群非常重要。現在，在各個店鋪都有專業的咖啡師，他們為客人提供精心挑選的咖啡和相應的調酒。

Chapter VI

Restaurants

餐廳的無酒精・低酒精飲品

亀井崇広・塚越慎之介・緑川峻
sio

無酒精・
低酒精飲品的技巧

亀井崇広・塚越慎之介・綠川 峻
sio 服務負責人

3 種方法

思考適合餐廳的原創無酒精飲品時，大致上有3種方法：

・已確定想使用的材料

・已確定想創造的口味

・將「形式」拆解並重新建構

首先，如果已確定想使用的材料，可以直接從材料出發擴展創意。另外，如果已確定想創造的口味，可以選擇一些候選材料，進行試作並調整口味，同時加入其他元素。最後的「形式」是指像是以 Tarte Tatin（p.109）這樣易於想像出原始味道，或風格的食物為基礎，將其元素拆解並重新建構成飲品，或者改變強調的重點，以表現出新的風味。在這個例子中，透過煮熟蘋果產生的甜味、焦糖的香氣和濃郁感，與烘烤派皮的風味層層疊加，形成口感輕盈、易於飲用的精緻味道。

利用烹飪技巧和材料

餐廳的特點之一，是可以利用烹飪使用的技巧、設備和材料等來製作飲品。可以將香氣封存在液體中，煎煮、浸泡、真空包裝（減壓）等技巧，以及使用「烹飪思維」來使用香草、香料和調味料等，都可以大大擴展表現的範圍。即使是使用茶或果汁，也可以在原料上添加其他香氣，使口感更輕盈，以此來打造出餐廳風格的飲品。現代餐廳的菜餚結構元素眾多，香氣、口味、溫度、口感等多層次組合，因此配搭的飲品也需要一定程度的複雜性和餘韻的持久性。

實際的步驟中，有兩種方法可供選擇：一種是逐步將味道和香氣的要素添加到基礎液體（如茶或果汁）中，進行層層堆疊的方式；另一種是分別製作不同的液體，在供應客人前進行混合。選擇哪一種方法取決於基礎液體和添加材料的「特性」——像是味道和香氣的萃取能力，以及隨時間變化的狀態——這一點至關重要。此外，還需要從「生產效率」、「安全性」、「保存性」等角度進行綜合判斷。

與菜餚的搭配方式

餐廳的飲品首要考慮的是「與菜餚的協調」。然而，傳統的「彌補彼此不足」的搭配（pairing）方式——例如將去酸的沙拉搭配帶有酸味的飲品，以完成口味——在現代不再適用。同樣地，使用茶來漱口「中和味道」的方法會使餘韻變短，並且打斷菜餚的流程。現在需要的是將味道和香氣多層次組合的菜餚，與同樣複雜的飲品搭配。我們認為，兩者之間完美地相互作用，產生新的味道，是餐廳特有的創造力。

料理中使用的香草、香料和柑橘類水果，也可用於給飲料增添香氣。您可以自由地設計味道和香氣的強弱，以及它們的組合方式。

洋梨氣泡飲
使用華麗的洋梨，加入香草和香料
增添清爽和層次感
透過輕盈的氣泡，
適合從開胃菜到主菜之間飲用

水果　香草　氣泡　適合佐餐

配方見 p.110

桃子、柑橘、胡椒
將桃子、柑橘和青胡椒，
以「辛辣和香氣」作為不同的方向
使桃子的甜味更加鮮明。
適合搭配醬油味的菜餚、豬肉或雞肉

水果　香草　適合佐餐

配方見 p.110

蘋果與綠茶
將蘋果的甜味與綠茶的苦和澀味
以及複雜的香草香氣融合在一杯之中。
蒔蘿的香味與蘋果相近，能夠自然地融入。
適合搭配使用白肉的菜餚或中式料理

 水果　茶·咖啡　香草　適合佐餐

配方見 p.110

Tarte Tatin

為了特色菜餚「使用螃蟹的蘋果派」
而重新構思了飲料。
利用紅茶的天然甜味和醋的濃郁口感
可以搭配各種海鮮料理。

水果　茶・咖啡

香草　適合佐餐

配方見 p.111

洋梨氣泡飲

《材料》 準備約1.5L份量
A：新鮮百里香 … 10g
　　香菜籽 … 5g
　　熱水（約90℃）… 300ml
　　冰塊 … 200g

洋梨汁※ … 1L

※ 由山形縣的洋梨生產者所製造，百分之百純果汁。
這款果汁含有較多果肉，質地介於果泥和果汁之間。
若無法取得洋梨汁，可使用榨汁機榨取新鮮洋梨汁代替。

《製作方法》
① 準備A的草本液。將百里香和香菜籽放入熱
　水中，蓋上蓋子，靜置蒸泡10分鐘後濾出。加
　入冰塊快速冷卻。
② 將步驟①中的草本液和洋梨汁混合，冷藏
　保存。在供應給客人前以氣泡水機注入二
　氧化碳。

桃子、柑橘、胡椒

《材料》 準備約1.5L份量
A：卡菲檸檬葉（新鮮）※ … 10g
　　青胡椒（整粒）… 12g
　　黑胡椒（整粒）… 2g
　　熱水（約90℃）… 300ml
　　冰塊 … 200g

桃子汁※※ … 1L

※ 卡菲檸檬葉（Kaffir lime）或稱馬蜂橙、泰國檸檬的
新鮮葉子。
※※ 由桃子生產者所製造，百分之百純果汁。這款果汁
含有較多果肉，質地介於果泥和果汁之間。

《製作方法》
① 將A中的卡菲檸檬葉和兩種胡椒粒放入熱水
　中，靜置蒸泡5分鐘後濾出。加入冰塊快速
　冷卻。
② 將步驟①中的浸泡液和桃子汁混合，冷藏保
　存，並在3小時後濾出。

蘋果與綠茶

《材料》 準備約1.5L份量
A：釜炒茶（九州產）… 8g
　　熱水（約90℃）… 300ml
　　冰塊 … 200g

蘋果汁（富士）※ … 1L
蒔蘿（新鮮）… 5g
香葉芹（Chervil新鮮）… 5g

※ 蘋果（富士品種）榨汁，可使用百分之百純果汁代替。

《製作方法》
① 將A中的釜炒茶加入熱水中，靜置蒸泡2分鐘
　後濾出。加入冰塊快速冷卻。
② 將步驟①中的茶液和蘋果汁混合，浸泡蒔蘿和
　香葉芹。約8小時後，取出香草即可享用。

Tarte Tatin

《材料》 準備約 2L 份量

A：乾燥蘋果碎片※…15g
　　熱水（約90℃，以下相同）…400ml
B：錫蘭肉桂棒…8g
　　熱水…400ml
C：南非國寶茶（Rooibos Tea）…15g
　　熱水…400ml
D：冰塊…800g
　　蘋果醋※※…52g

※乾燥蘋果碎片，通常用於水果茶中，具有淡淡的甜味和水果香氣。

※※類似於陳年的蘋果醋，濃郁的味道中帶有醋的韻味，比酸味更濃厚且帶有豐富的風味。

《製作方法》

① 將 A 的乾燥蘋果碎片加入熱水中，靜置蒸泡 5 分鐘後濾出。
② 將 B 的肉桂棒粗略砸碎，加入步驟①中濾出的蘋果碎片中，再次加入熱水蒸泡 5 分鐘後濾出。
③ 將 C 的南非國寶茶與熱水混合，蒸泡 3 分鐘，同時將步驟②中的蘋果碎片和肉桂加入，然後濾出。
④ 將步驟①、②和③的液體混合，加入 D 的冰塊和蘋果醋。冷藏保存。

伯爵茶氣泡飲

這款飲品以「日本風格的伯爵茶」為形象。
以和風紅茶與當地柑橘為主打,搭配氣泡水製成,
口感輕盈柔和。
華麗的風味非常適合搭配前菜。

柑橘　茶・咖啡　氣泡　適合佐餐

配方見 p.114

經典伯爵茶

這款飲品追求著傳統的伯爵茶風格。
融合了荔枝、柑橘和來自香料的複雜香氣，
帶有淡淡的澀味，給人一種清新的印象。
非常適合搭配輕盈的異國料理，
或帶有香草風味的菜餚

配方見 p.114

正山小種茶

使用經過「無煙式」處理的燻茶，
透過三個階段的抽出過程，
萃取出茶葉本身的風味和香氣，
不過於濃烈。
由於帶有醬油的風味，
非常適合搭配燒烤類食物。
也可以在帶蓋的玻璃杯中供應

配方見 p.115

伯爵茶氣泡飲

《材料》 準備約1.5L份量

A： 日式紅茶（べにふうき品種）※…14g
　　熱水（約90℃，以下同）…200ml
　　冰塊…800g
B： 喜界島產柑橘皮※※…3個
　　熱水…200ml
C： 喜界島柑橘汁…3個
　　冰塊…略少於500g

※ 使用福岡「千代乃園」製造的無農藥日式紅茶（八女產べにふうき）。隨著時間的推移，呈現出香氣濃郁和華麗的風味。
※※ 近年的研究發現，喜界島的在地品種「喜界柑」，具有類似佛手柑的香氣成分，佛手柑也常用於在製作伯爵茶時添加香氣。

《製作方法》

① 將 A 的紅茶葉注入熱水中，蒸泡約2分鐘，然後加入冰塊800g進行急速冷卻。靜置1小時後濾掉茶葉渣。這樣可以萃取紅茶在熱水和冷水，不同溫度下的風味特點。
② B的喜界柑只削下表皮，加入熱水中浸泡約5分鐘，萃取香氣（Infuser）。
③ C使用 B剩下的喜界柑果汁，榨汁後與冰塊混合約500g。將過濾後的 B加入，與①混合後冷藏保存。在供應給客人前，以氣泡水機注入二氧化碳。

經典伯爵茶

《材料》 準備約1.5L份量

A： 祁門紅茶（中國製）※…15g
　　熱水（約90℃，以下相同）…800ml
　　冰塊…400g
B： 曼尼吉特胡椒（整粒）※※…5g
　　陳皮…5g
　　熱水…200ml
　　冰塊…100g

荔枝…5個

※ 這是香氣華麗的中國紅茶，口感帶有芳香和水果味。外觀很像格烏茲塔明那（Gewürztraminer）一樣，適合搭配香料豐富或使用大量香草的料理。
※※ 曼尼吉特胡椒（Maniquette pepper）高級黑胡椒，以清新的香氣為特色，而不會苦。

《製作方法》

① 將 A的祁門紅茶注入熱水，蒸泡約3分鐘後過濾，加入冰塊迅速冷卻。
② 將 B的曼尼吉特胡椒和陳皮注入熱水，蒸泡約10分鐘後過濾，加入冰塊迅速冷卻，與①混合。
③ 將荔枝去皮去籽，輕輕搗碎後加入②中。冷藏保存，約8小時後即可享用。

正山小種茶

《材料》 準備約2L份量

正山小種茶（中國產）※…30g

A： 熱水（約90℃，以下相同）…500ml

　　冰塊 …500g

B： 熱水 …500ml

C： 冰水 …500ml

※ 使用中國武夷山「無煙式」製作的正山小種茶。具有微妙的可可和杏仁般的堅果香氣。透過巧妙的沖泡技巧，可以長久地享受其鮮美和甜味的餘韻。

《製作方法》

① A（第一泡）將熱水注入茶葉，蒸泡約1分鐘後過濾。立即加入冰塊迅速冷卻。主要提取焙烤香氣。

② B（第二泡）將熱水再次注入①剩餘的茶葉，蒸泡約40秒後過濾。除了焙烤香氣外，還會散發出水果般的香氣。與①混合。

③ C（第三泡）將冰水加入②的茶葉中，靜置30分鐘。以冷泡方式沖泡，以萃取餘韻的風味和水果的特色。過濾後與②混合。

果醋與乳清

結合了熱門的植物醋飲料「Shrb original」
和優格的乳清，
呈現出充滿特色的口感。
非常適合搭配香料咖哩和使用醬料的料理。

香草　氣泡　乳製品

配方見 p.120

Gin and Tonic 【低酒精度】

以柑橘和香草調製而成
香氣濃郁的自家製通寧水。
加入國產琴酒的 Gin and Tonic
具有清爽的口感
非常適合搭配烤魚享用

 柑橘 香草 氣泡 適合佐餐

配方見 p.120

蜂蜜酒 【低酒精度】

這是一款低酒精飲品,與招牌菜
「藍紋乳酪燉飯」搭配得天衣無縫。
將蜂蜜、胡椒和海苔替換為蜂蜜酒、花椒和石蓴味道
形成與藍紋乳酪完美搭配的組合。
口感上類似紅茶,優雅而順滑

配方見 p.121

田芹沙瓦【低酒精度】

以「Restaurant sour」為主題，
每個季節都使用不同食材來製作的醃漬酒。
具有複雜的香氣、苦味和平衡的酸度。
搭配炸物和辛辣料理最適宜

柑橘　香草　氣泡　適合佐餐

配方見 p.121

果醋與乳清

《材料》
乳清（whey）… 3/4
果醋（Shrb original）※… 1/4
可爾必思（Calpis）… 適量

※ 使用從倫敦進口的「Shrb original」。它帶有草本、香料風味，但與柑橘和醋的酸味又有著細微的差別，能夠享受到不甜而複雜的香氣。

《製作方法》
① 將瀝乾的乳清與果醋混合。可以根據個人口味添加少量的可爾必思，使口感更加柔和。乳製品和可爾必思非常對味。

Gin and Tonic 【低酒精度】

《材料》 準備約2L份量
A：葡萄柚的皮※… 1個
　　水 … 1.5L
B：新鮮牛至（oregano）… 20g
　　熱水 … 500ml
　　冰塊 … 300g
C：白金柚的果汁 … 1個
　　蜂蜜 … 10g

《完成》
國產精釀琴酒※※… 2ml
柚子皮、牛至

※ 使用白金柚 sweetie（スウィーティー）品種，還可以選用其他葡萄柚品種，如 Melogold（メロゴールド）等。可以添加葡萄柚表皮下的白色中果皮，增加苦味。將剩餘的果肉榨汁後，用於 C。
※※ 選用佐多宗二商店的「AKAYANE Oriental」系列琴酒，具有柚子風味。

《製作方法》
① 製作通寧水（tonic water）。將 A 中的葡萄柚皮和水放入鍋中，加熱煮沸至約1.2L。取出皮，下墊冰塊冷卻。
② 將熱水倒入 B 的牛至中，蒸泡約2分鐘，然後過濾。加入冰塊急冷。
③ 將①和②混合，加入 C 中的白金柚果汁和蜂蜜，放入冰箱保存。以氣泡水機注入二氧化碳，完成通寧水。
④ 供應時，將③注入玻璃杯中，使用滴管等方式加入少量琴酒調香。用葡萄柚皮和牛至裝飾杯子。

蜂蜜酒 【低酒精度】

《材料》 製作約2L
花椒（整粒）…20g
石蓴（乾燥）…10g
水 … 2L

《完成》
蜂蜜酒[※] … 適量

※ 蜂蜜酒被認為比葡萄酒的歷史更古老，世界各國都釀造出不同類型的蜂蜜酒。這裡使用愛媛佐多岬產的「MISAKIミード」。

《製作方法》
① 將材料混合後浸泡一晚，然後過濾，製作出花椒和石蓴的香料冷泡液。
② 將①和蜂蜜酒混合。建議比例為1份蜂蜜酒：3份香料冷泡液，但蜂蜜酒的用量可以根據個人口味調整。如果想要增加甜味或苦味，可以加入更多蜂蜜酒；如果想要強調香料的味道，可以增加香料冷泡液的比例。

田芹沙瓦 【低酒精度】

《材料》 製作約1L
甲類燒酎（25度）…1L
柚子 … 1/2個
梅爾檸檬（Meyer lemon）… 1/2個
新鮮田芹（田ゼリ）[※]…1束
小豆蔻（Cardamom 整粒）…10粒
曼尼吉特胡椒（Maniquette pepper 整粒，
　　p.114）…1g
黑胡椒（整粒）[※※]…1g

《完成》
氣泡水
檸檬角、新鮮田芹 … 各適量

※ 田芹（田ゼリ）是日本的一種野菜，自然生長在田野和山區，從2月下旬到4月左右是盛產季節，具有獨特的香氣。水耕產品一年四季都可以在超市買到。
※※ 這款飲料以香氣濃郁的黑胡椒、清新的柑橘香氣和酸味為特點。

《製作方法》
① 將所有材料混合在一起浸泡。柚子和檸檬切成薄片，田芹切成小塊，香料使用整粒。放入冰箱保存，一天後會有新鮮的口感，2～3天後會出現複雜的風味。
② 供應時，在杯中倒入少量①，加入大量田芹和檸檬角，用氣泡水填滿杯子。根據個人喜好，可以加入少量蜂蜜或楓糖漿（非必要），以減輕酸味和胡椒的刺激感，使其更順口。

取材協力（按照編排順序）

岩倉久恵 Hisae IWAKURA

日本葡萄酒協會認證的葡萄酒侍酒師，SSI認證品酒師。東京淺草「La Maison du 一升 vin」女店長。經營株式会社ケトル，負責餐飲店開業、業務委託、員工培訓等工作。

從大學時的兼職工作開始，擁有豐富的餐飲業經驗。畢業後進入飲食企業工作，以當時罕見的休閒空間，提供高品質的葡萄酒和日本清酒，取得了巨大成功。隨後擔任新店鋪的開業、菜單開發、員工培訓等工作長達12年。於2003年獨立，之後陸續開設了知名店鋪，如2004年的神泉「buchi」、2005年的惠比壽「brui」、2007年的中黑目「金菜」、目黑「キッチン・セロ」，以及2012年的神泉「CAFÉ BLEU」等。在日本葡萄酒產業發展之前，就與葡萄酒製造商建立了長久的聯繫，被譽為「日本葡萄酒的傳道士」，推廣葡萄酒的美味和享用方式。

`Chapter I` 「即時可製作的無酒精飲品」
`Chapter II` 「自家製無酒精各種基底與糖漿」單元負責人

La Maison du 一升 vin

這是一家以串燒和燒烤為主的休閒餐廳，主打稀有的日本葡萄酒和自然派葡萄酒，同時提供精選的各地清酒、精釀啤酒和無酒精飲品等。明亮開放的店內有入口的露台以及一、二樓，共40個座位。下午三點開始營業，讓您享受午後的一杯。

東京都台東区浅草 1-9-5
Tel：03-6231-6103
http://kettle.tokyo/isshovin/

櫻井真也 Shinya SAKURAI

東京表參道「櫻井焙茶研究所」店主、茶道組織一般社團法人茶方薈（さぼえ）草司（そうし），致力於創造並傳承現代茶道形式，並培養沖茶師等茶藝人才。活躍於茶會和活動的策劃、日本茶研討會講師、飲食店飲品開發和監督、各種培訓…等多個領域。

大學期間兼職調酒師的工作，開啟了進入餐飲業的道路。在銀座的酒吧工作後，加入了「在現代創造日本文化」為主題的飲食業和產品設計公司 SIMPLICITY。在日本料理店「八雲茶寮」、和菓子店「HIGASHIYA」擔任經理之後，於2014年獨立開設了位於東京西麻布的「櫻井焙茶研究所」，並於2016年遷至表參道。店內的茶室正如其名，主打以焙茶為主的煎茶，還提供不同產地和品種的茶品品嚐、茶道體驗以及茶酒組合等，提供多樣化的日本茶享受方式。

Chapter III 「日本茶的可能性：直接品飲」
Chapter IV 「日本茶的可能性：混合茶與調配茶」單元負責人

櫻井焙茶研究所

位於表參道的地標建築－Spiral 大樓內，卻隔絕了外面的繁忙與喧囂。店內擁有茶葉和茶道器具等的商店空間，還有寬敞的茶室區域，顧客可以一邊觀賞沖泡茶的過程，一邊悠閒度過美好時光。提供從單一品種的茶葉到各種茶的調配，以及創意茶等豐富的菜單。

東京都港区南青山 5-6-23 スパイラル 5F
Tel：03-6451-1539
https://www.sakurai-tea.jp/

後閑信吾 Shingo GOKAN

東京澀谷「The SG Club」的店主和調酒師。SG集團的創辦人，該集團在紐約、東京和上海經營著五家酒吧。作為世界關注的日本調酒師之一，他還在各國擔任客座調酒師，並擔任調酒講師和國際比賽的評審。獲得了眾多獎項，其中包括被稱為酒吧界奧斯卡的「International Bartender of the Year年度國際調酒師（2017年）」等。

高中畢業後在當地的餐廳酒吧學習了調酒師的基礎知識，2006年獨自前往美國。透過一段時間的實習，他成為了紐約知名酒吧「Angel's Share」的首席調酒師。代表美國參加的「Bacardí Legacy Cocktail Competition百加得傳世雞尾酒大賽2012」獲得了世界冠軍。2014年開設了上海的「Speak Low」，並陸續打造出「Sober Company」和「The Odd Couple」。在日本國內，2018年「The SG Club」在澀谷開幕，2020年開設「The Bellwood」，2021年「ゑすし郎」和「swrl.」開幕營業。

Chapter V 「調酒師製作的無酒精雞尾酒」單元負責人

The SG Club

一樓營造輕鬆的氛圍，地下樓則是可以悠閒享用的正統酒吧，二樓則是會員制的雪茄酒吧。以「讓酒吧成為大家的場所」為主題，提供各種雞尾酒、各類酒精飲品以及由咖啡師製作的咖啡。不收取桌費，主旨在打造一個年輕人也可以輕鬆光顧的酒吧。

東京都渋谷区神南 1-7-8
Tel：03-6427-0204
http://sg-management.jp/

亀井崇広 Takahiro KAMEI
塚越慎之介 Shinnosuke TUKAGOSHI
綠川 峻 Shun MIDORIKAWA

亀井崇広（右）

日本葡萄酒協會認證的葡萄酒侍酒師、營養師、負責 sio 服務。從東京農業大學就讀期間開始，有很多機會接觸食材、發酵調味料和飲料，自然而然地走上了餐飲業（烹飪和服務）的道路。期間，他參與了電視節目的製作，以及該店的創立。

塚越慎之介（中央）

日本葡萄酒協會認證的葡萄酒侍酒師、SCAJ 認證的咖啡師、負責 sio 服務。他是ルレクゥール（Relais cœur）的代表，該公司從事紅茶和草本茶的批發，以及飲品提案等工作。在辻調理師專門學校・法國分校學習糕點製作後，他對發酵茶產生了興趣，在吉祥寺的 Gclef 等專門店進行了修習。目前，他還參與了從印度、中國和斯里蘭卡購買茶葉，以及為餐廳開發飲品和提供諮詢服務等工作。

綠川 峻（左）

位於丸之內的姐妹店「o/sio（オシオ）」的經理。畢業於服部營養專門學校後，在「La Rochelle Minami Aoyama」工作了三年。在 sio 和 o/sio，他負責開發根據季節更換蔬菜和水果的「Restaurant sour」。

Chapter VI 「餐廳的無酒精・低酒精飲品」單元負責人

sio

由具有非凡經歷的足球選手、和小學教師背景的廚師－鳥羽周作主理的法式餐廳，他親自參與了從店鋪設計到背景音樂的各個環節，將自己的全部心力傾注其中。精心製作的每道菜餚都刺激著食客的五感。無論是午餐還是晚餐，都提供與套餐相搭配的酒，或非酒精飲料的選項。

東京都渋谷区上原 1-35-3
Tel：03-6804-7607
http://sio-yoyogiuehara.com/

依素材分類索引 Index

系列名稱／Easy Cook

書名／人氣餐飲店必備menu！無酒精佐餐飲料

作者／岩倉久惠・櫻井真也・後閑信吾・龜井崇広・塚越慎之介・綠川峻

出版者／大境文化事業有限公司

發行人／趙天德

總編輯／車東蔚

文 編・校 對／編輯部

美編／R.C. Work Shop

地址／台北市雨聲街77號1樓

TEL／(02)2838-7996

FAX／(02)2836-0028

初版日期／2023年7月

定價／新台幣 400元

ISBN／9786269650828

書號／E130

讀者專線／(02)2836-0069

www.ecook.com.tw

E-mail／service@ecook.com.tw

劃撥帳號／19260956大境文化事業有限公司

HAJIMEYOU! NON ALCOHOL
© SHIBATA PUBLISHING CO., LTD. 2020
Originally published in Japan in 2020 by SHIBATA PUBLISHING CO., LTD.Tokyo.
Traditional Chinese translation rights arranged with SHIBATA PUBLISHING CO., LTD., Tokyo.,
through TOHAN CORPORATION, Tokyo.

國家圖書館出版品預行編目資料

人氣餐飲店必備 menu！無酒精佐餐飲料
岩倉久惠／櫻井真也／後閑信吾／龜井崇広／
塚越慎之介／綠川峻 著；初版；臺北市
大境文化，2023 [112] 128面；
19×26公分(Easy Cook；E130)
ISBN／9786269650828
1.CST：飲料
427.4   112008669

請連結至以下表單
填寫讀者回函，
將不定期的收到優
惠通知。

攝影…大山裕平
封面攝影協力…La Maison du 一升 vin
設計…飯塚文子
編輯…池本惠子(柴田書店)